TERAPIA RACIONAL HUMANISTA

Una visión trascendente de la vida mental del ser humano

EDITORIAL
SHANTI NILAYA

TERAPIA RACIONAL HUMANISTA

1a edición, 2025 | Editorial Shanti Nilaya®
Diseño editorial: Editorial Shanti Nilaya®

ISBN | 978-1-968500-35-1
eBook ISBN | 978-1-968500-36-8

www.editorial.shantinilaya.life

TERAPIA RACIONAL HUMANISTA

Una visión trascendente de la vida mental del ser humano

Mario F. Lemus Cotonieto

Psicólogo

Para Alejandra, mi mejor amiga y compañera, quien me mostró que, solo quien te ama, te espera aun dentro del mismo infierno hasta salir juntos.

CONTENIDO

PRÓLOGO

Las escuelas de psicología en materia de salud mental, así como el resto de las disciplinas científicas, han evolucionado conforme los diferentes factores que contribuyen a esclarecer más y mejor la investigación sobre el campo temático que les ocupa. La investigación respecto a la conducta y comportamiento humano no es la excepción, mientras que inicialmente la psicología compleja vislumbró una vida mental profunda, altamente matizada por figuras y símbolos etéreos y subjetivos, tanto en el nivel individual como el colectivo —muestra de esto son las escuelas psicoanalíticas o jungianas—. Por otro lado, y casi al paralelo de las aproximaciones anteriores, se desarrollaron escuelas de carácter pragmático sustentadas en la visión positivista de la ciencia, que se enfocaban en el nivel conductual manifiesto, susceptible de medición, réplica y comprobación experimental. Dichas aproximaciones respondían a, ya sea las características intrínsecas de la sociedad burguesa europea del siglo XIX, o a la creciente economía del capitalismo en occidente, que requería resultados prácticos y favorables para la industria.

No obstante, de mostrar resultados parciales de estas aproximaciones a la vida mental, a pesar de que mostraban sesgos importantes, se volvieron base y fundamento para el desarrollo de posteriores adecuaciones a raíz del conocimiento acumulado a lo largo de los años. El avance tecnológico, y en general la evolución de la sociedad de la cual emergen nuevos estratos socioeconómicos con nuevas necesidades de adaptación, hacen que el conductismo de Watson y Skinner emigren a la incorporación de los hallazgos en materia informática, apareciendo de esta manera la escuela cognitivo-conductual de Bandura, mientras que la subjetividad del psicoanálisis comienza a ceder ante las aportaciones humanistas de Rogers. Ambas ópticas, tanto la psicología compleja como la psicología pragmática, encuentran de esta manera un punto en común a partir de la postura Racional Emotiva propuesta por Albert Ellis, en la década de los 50. Sin embargo, la sociedad continúa y continuará su evolución, por lo que las bases establecidas por las escuelas mencionadas hoy por hoy deben de acoplarse sin resistencia al movimiento natural de la población mundial, así como a las necesidades psicológicas que favorezcan la sanidad mental del ser humano ante la crisis existencial que se deja ver a raíz de la globalización, el desarrollo y hegemonía de las redes sociales en todas las parcelas del quehacer humano, así como el detrimento observable de grandes figuras como lo son la familia, la comunicación real, el acceso a la información sustituida por tormentas de datos en internet, el deterioro y cosificación de las relaciones afectivas, el empoderamiento de la diversificación sexual y el debilitamiento de la identidad propia. Es decir, el concepto de nuevo orden mundial parece ser una realidad que abarca no solo el orbe entero, sino también el mundo interno y, en última instancia, la confusión del ser humano entre lo real y lo aparente.

En este contexto surge la propuesta Racional Humanista, que pretende aportar soluciones a la enfermedad mental derivada, ya no de creencias negativas —como lo propone la Terapia Racional Emotiva— sino de la modificación de significados a partir de la transformación y expansión de carácter trascendente de la postura existencial ante la vida del paciente.

El presente documento describe las características teóricas y las reflexiones derivadas de la aplicación de este nuevo enfoque, denominado Racional Humanismo, mismo que pretende la resignificación del material perturbador que aqueja al individuo a partir de la revisión de la postura existencial conformada caótica e irracionalmente, para dar paso a la integración de una nueva comprensión del porqué y para qué de la libertad y consciencia humana de cara a la trascendencia del conflicto, y el acceso al crecimiento integral de sí mismo y de sus relaciones y vínculos en sociedad.

INTRODUCCIÓN

¿Qué explicación darles a los defectos de carácter o conflictos de personalidad del ser humano que afectan sus relaciones interpersonales o intrapersonales? ¿Tiene alguna posible justificación evolutiva o trascendental que posibilite una comprensión amplia, lógica e integradora de los elementos asociados a este fenómeno? Dichos elementos, a decir: perturbación, padecimiento, dolor o sufrimiento residual, ¿se circunscriben a una realidad susceptible de entendimiento esencialmente estructurado para asimilar en toda su profundidad como premisa básica para generar consciencia y ejercicio de voluntad? Sin duda alguna, éstas y muchas preguntas más se presentan cuando la maravilla de la conducta y comportamiento perturbado tocan cada arista del medio en que éste se desenvuelve, cuando la estructura psíquica del ser humano tuerce su función impregnada de autoelaboración cognitiva e irracional, altamente defensiva ante la dinámica que percibe y ante la cual multiplica o refuerza sus datos.

¿Qué función tienen, pues, en el engranaje evolutivo los fenómenos insoslayables de la vulnerabilidad humana? Algo más, a raíz del intento, a través de modelos y de escuelas en psicología que ganan terreno en la tarea de exploración, comprensión e intervención en la enfermedad mental, ¿qué postura debería de adoptar el profesional que enfrentase dicho fenómeno en su intento de lograr la cura demandada por el paciente en pleno sufrimiento?

Ahora bien, ante dicho cauce de preguntas se agrega: ¿qué condición habría de cumplirse para que el sujeto se sitúe en el modo perceptual correcto, a fin de efectuar un estudio serio y profundo de sí mismo?, y, por consecuencia, ¿qué posición mental debería adoptar el terapeuta cuando el torrente de significados irracionales y perturbados desfilen ante él?

Es necesario ante estas preguntas adoptar una posición responsable, reflexiva, racional, congruente y ética para comprender y desarrollar un modelo de intervención a la altura de la naturaleza, no solamente de la función psíquica, sino de la mecánica evolutiva potencialmente positiva en la naturaleza humana.

El abordaje sería, pues, ante aquellos aspectos del torrente de comportamiento complejo que no engranan en primera instancia con lo adaptado o socialmente aceptado, y el efecto que esto produce en la percepción de sí mismo y de los otros por parte del paciente, que de manera sucinta llamaremos padecimiento, comprendido éste como el resultado mnémico de la experiencia del organismo en el intento de sobrevivencia ante el conflicto percibido.

Esta capacidad residual a la experiencia de los organismos constituye un mecanismo necesario para motivar el cambio y ajuste al medio que permita la supervivencia; sin embargo, la capacidad cognitiva del ser humano, conjugada con la experiencia, derivan en un producto de alto potencial evolutivo, comprendido desde la impresionante complejidad del individuo. El significado, es decir, el resultado de la experiencia emocional sumada a la cognición respecto del objeto representado, organizado en constelaciones complejas de unidades de información. Luego entonces, la realidad inaccesible es sólo experimentable a través de significados individuales que le dan organización y color afectivo.

Las conjugaciones de los significados son infinitas, impredecibles y pasmosamente generadoras de nuevos productos significantes, resultantes de la brecha ante la necesidad del organismo y el acceso ante el satisfactor, generando movimiento mental y emocional, siendo la dirección de éste, determinado por el rechazo del yo del aplazamiento de la satisfacción que percibe. Dicho de otro modo, la psique humana es susceptible de alteración a raíz del juicio de valor que adjudica a la realidad. Este juicio matizado por el rechazo al dolor produce una elaboración de la realidad, caracterizada por significados negativos que provocan dispersión y anquilosamiento del mecanismo adaptativo del comportamiento humano.

En esta condición es posible que el sujeto desarrolle el nivel de contacto con el sí mismo y la carga significativa perturbada vinculada a productos sociales, laborales, familiares, económicos, etc., y en primera instancia emocionales, o es posible también que, el rechazo al enfrentamiento con dicho cúmulo de percepciones, establezcan mecanismos defensivos de naturaleza primitiva o avanzada, que a razón de anquilosarse, lo alejen del dolor natural y lo envuelvan en significados cada vez más perturbados y perturbadores de su medio, entendiendo por esto, sufrimiento.

La otra posibilidad es que el individuo, así sea por un breve lapso, haga contacto con el sí mismo desde un plano más objetivo o menos elaborado y atisbe un destello de voluntad que lo coloque ante el espejo, el espacio terapéutico; un microcosmos donde el discurso dramático se detiene y permite el desenvolvimiento de la personalidad con la proyección del trasfondo perturbado sin oposición alguna del medio social, posibilitando el plano que eventualmente fortalecerá la consciencia sobre aquello que le aqueja.

Así pues, desde estos razonamientos se emprende la tarea de proponer un modelo que permita explicar los múltiples factores involucrados de la falla humana vs. engranaje evolutivo, tanto desde el plano ontológico como filogenético, de cara a una eventual intervención controlada y dirigida a la readaptación y crecimiento integral humano.

Para que este propósito se cumpla es necesario, pues, concebir la perturbación mental como la condición necesaria para proceder —mediante acompañamiento técnico— a la identificación de los significados perturbadores. La comprensión de éstos en su dinámica adaptativa en el nivel de supervivencia, la comprensión del papel de la irracionalidad de dicha dinámica, la alternativa opuesta de naturaleza lógica, comprobable, positiva y factible, que allane el camino hacia una comprensión congruente con el crecimiento integral del y para el paciente, de cara a la redirección volitiva hacia un bagaje conductual sustentado en un comportamiento adaptativo y trascendente.

I

REMEMORACIÓN

DEL DOLOR AL SUFRIMIENTO

¿Qué es el hombre para que le visites? Pregunta rectora y baluarte de la inquietud del salmista hebreo David, ¿qué es el hombre y qué clase de respuesta justificaría el cúmulo de estudios, reflexiones y obras estéticas que existen y seguirán generándose? ¿La respuesta? Propongo la pasmosa responsabilidad que tiene éste sobre él mismo. ¿Pero en qué se sustenta esto? si el determinismo sentencia la nulidad de esta posibilidad en tanto describe el peso inmensurable de factores exógenos y endógenos; Luego entonces sucumbiría la posibilidad de intervención a propósito de la disfuncionalidad en la vida mental, dada la imposibilidad de incidir sistemáticamente en los factores ambientales y dinámicas profundas. Por otro lado, ante la postura humanista y transpersonal que reconocen elementos trascendentales que rebasan la influencia de factores existentes de gran peso, lo enaltecen y coronan como dueño y señor de sí mismo a la vez que deprecian el papel instigador de los exógenos en el crecimiento humano.

¿Es posible una alternativa que, lejos de mediar, engrane los determinantes y las facultades trascendentes en un reconocimiento y constitución del ser humano como constructor de sí mismo, así como también sea susceptible de generar consciencia de sí mismo y de otros a través de la recuperación, a manera de insumo, de los determinantes para posteriormente dirigir en el nivel de ejercicio de la voluntad hacia la dirección responsable y trascendente sobre sí mismo y sobre otros? Sostenemos que sí. Por lo tanto, es necesario revisar antes que nada la capacidad enorme que tiene el ser humano para producir la experiencia elaborada de sufrimiento, uno de los productos más evolucionados del universo conocido: el juicio de valor. El ser humano genera el producto más complejo que se conozca en el universo: la valoración de la realidad, misma con la que adjudica significado a todo lo que le rodea. toda vez que esta no contiene en sí misma significado intrínseco alguno, éste le es otorgado por el ser humano; los organismos inferiores sencillamente se adaptan y sobreviven gracias a modificaciones conductuales que operan en el ambiente, de modo que, aquellas especies que no logran la adaptación a un mundo cambiante donde confluyen fuerzas, sucumben y no logran la trasmisión de sus genes para las próximas generaciones. Aquellos que sí, seguirán especializándose para fortalecer su estructura y su función de manera más enriquecida y competente para enfrentar los siguientes cambios.

El ser humano, tal cual lo conocemos, es dueño y poseedor de una gran capacidad intelectual que, aunada a su emocionalidad, posibilita la generación y adjudicación de significados a la realidad que vive. Es decir, según estructuras previas, almacena el resultante perceptual y responde selectivamente en correspondencia al ambiente que lo instiga. Luego entonces, ante aquellas fuerzas que fluctúan, el ser humano produce una lectura del fenómeno sumamente enriquecida y compleja que podrá fácilmente superar sus habilidades de ajuste. Es atinada la descripción simbólica del libro del Génesis bíblico, el cual refiere la expulsión del ser humano del paraíso, debido a que éste, por un acto de desobediencia, logra acceso al conocimiento del bien y el mal. En este sentido, pierde la sencillez del mecanismo evolutivo que se esconde en el movimiento necesario para su adaptación ambiental desde un simple nivel meramente conductual, por lo tanto, es desterrado a un mundo intrincado de significados que condicionan el sufrimiento, y el cual es resultante de su capacidad para valorar la realidad, apartándose así de la capacidad de experimentar dolor natural instigador de cambio y adaptación para desembocar y padecer sufrimiento. Dicho de otro modo, el sufrimiento será directamente proporcional a la elaboración del conflicto ambiental o percibido, mismo que será enfrentado a través de mecanismos psicológicos ineficaces y rígidos, sumamente enriquecido por el rechazo a la experiencia y que lo hundirán más en un laberinto de soledad, hastío y complejidad valorativa deformadora del dolor inicial; a esto le denominamos... ¡sufrimiento humano!

El contexto terapéutico

Ahora bien, ¿cómo abordar el fenómeno —metódicamente hablando— para aliviar y curar de los efectos colaterales de esta grandiosa capacidad valorativa del ser humano? Y, sobre todo, ¿cómo proceder cuando se requiere de la complacencia para intervenir por parte del sujeto elaborador, mismo que se aleja del enfrentamiento o la revisión de sí mismo dado su natural rechazo a un agente perturbador?

Muchos se perderán en lo intrincado de su propia elaboración, muchos padecerán las consecuencias de la mecánica respuesta de alejarse del dolor natural. Sin embargo, aquellos que decidan hacer un alto responsable deberán transitar por una revisión de sí mismos, en forma asistida, para emprender un análisis dolorosamente honrado de su padecer, que finalmente derive en el ejercicio consciente de su voluntad, posterior a la comprensión del mecanismo evolutivo y trascendente inserto en el dolor personal y homogéneo en su esencia para cada ser humano.

El ser humano, cargando el peso de su historia, el efecto de su constitución y las intrincadas magulladuras de sus individuales y complejos significados sobre otros y sobre sí mismo, llega abatido ante el espacio terapéutico, petrificado y altamente ensimismado, todo en él, está sensibilizado para rechazar el dolor que punza en su función; llega con el entorno afectado, marginado o automarginado del marco de referencia social, con vínculos afectados negativamente y con una personalidad anquilosada y condicionada a otros de manera perversa y comodina. Llega inconsciente de su naturaleza y de la de otros, ajeno al ejercicio responsable de su voluntad y saboreando las bondades de la enorme ignorancia que le aqueja. En esta condición el sujeto se ha desenvuelto desde el inicio de su vida, expuesto a iguales condiciones de sus formadores, y éstos de sus predecesores, produciendo un engranaje social caótico pero necesario para producir insumos de comprensión profunda cuando el espacio terapéutico se produzca.

Dicho espacio constituye una pausa contratada, una plataforma donde el histrionismo del sufrimiento se muestra ante el profesional, quien comprende lo que acontece en la vida mental del sujeto solicitante de orientación o asesoría, y que concibe el papel de la elaboración en el sufrimiento y la gran oportunidad trascendente que se posibilita a partir de la pausa que se concede a sí mismo el paciente. Es una oportunidad fugaz que deberá aprovechar para anclar la debilidad momentánea de las defensas naturales a un grado de *insight* necesario para iniciar la revisión a partir de la anamnesis o expresión libre y espontánea por parte del paciente.

Se inicia pues la exploración de los significados perturbadores, que condicionan la percepción del sujeto y que hacen rígida la conducta, acoplándola a áreas y patrones cosificados, pese al hastío que generan. Se inicia así la exploración libre y respetuosa de la expresión anamnésica y catártica del material seleccionado inconscientemente por el sujeto, la cual en forma retrospectiva enumera figuras y contextos obnubilados por la memoria cognitiva, en tanto se trata en muchos de los casos de significados instalados en el pasado remoto del sujeto, es decir, una memoria sensorial más correspondiente a una base emocional que racional.

La instigación del significado inicia en el recuerdo vago, donde las figuras primarias generalmente protagonizan escenas perturbadoras y obstructoras de la satisfacción de necesidades primordiales tales como seguridad, alimentación, descanso y, en suma, el matiz afectivo en cada una de ellas. Estas obstrucciones podrían acontecer en niveles extremos que derivarían en la escisión del *yo* en franca constitución en las primeras etapas de la vida, determinando, tal cual lo describe Otto Kenmberg (creador de la teoría de Relaciones Objetales), en estatus mentales limítrofes con edificación de mecanismos defensivos de tipo primitivo. Sin embargo, durante el estudio del nivel neurótico nos encontramos con matices que posibilitan la exploración de la psicodinámica de la vida mental del sujeto.

Así pues, en la inmersión que hace el terapeuta en las constelaciones que emergen del discurso doloroso, se posibilita la expresión catártica que alivia la presión de las pulsiones reprimidas sobre el *yo*; de igual manera conforme la exploración gana terreno, a través de elementos de naturaleza sensorial vinculados a la huella mnémica, el sujeto reconoce elementos dolorosos obstruidos por defensas psicológicas que apartan de sí la experiencia angustiante al tener contacto con la fuente perturbadora.

Una de las principales funciones de la estructura yoica, es el filtrar los elementos perturbadores que le aquejan para que, a través de mecanismos homeostáticos, prevalezcan matizantes positivos en la percepción, a efecto de lograr la sobrevivencia. Sin embargo, el efecto colateral a la elaboración psicodinámica condiciona y perpetúa vínculos deformados, derivando en la constitución de redes patológicas sostenidas por patrones rígidos de conducta.

El contrato terapéutico

Desde este entendido, se continúa instigando la anamnesis del sujeto sin una incursión directiva, más bien estimulante de asociaciones conexas a figuras y situaciones perturbadoras. En este punto, es necesario señalar que la inercia del sufrimiento conscientemente experimentado por el individuo sugiere el abordaje de los elementos actuales alineados a su sufrimiento vigente, de ahí que sea necesario el contrato terapéutico antes de proceder con la exploración diacrónica.

Partiendo del entendido de que el sujeto proviene de un muy probable marco social de referencia afectado —en el menor de los casos— por alteraciones en el comportamiento del sujeto y, por lo tanto, su efecto lógico en los vínculos resultantes de la dinámica patológica que desenvuelve, es necesario derribar las falsas expectativas del paciente para obtener el apoyo de su red social. Es decir, será forzado a renunciar a falsas expectativas que, en la mayoría de los casos, no serán satisfechas si de verdad se trata de la constitución probable de una psique lastimada por significados que construyeron vínculos perversos y deformados.

Por otro lado, y en virtud de que el sujeto exige el abordaje dirigido a la resolución de sus perturbadores actuales, y dado que carece de la consciencia del andamiaje significativo que lo sostiene, es necesario continuar y sugerir la incursión hasta estos elementos, es decir, contar con la participación absoluta del sujeto para iniciar una exploración honrada de sí mismo. Aún más, y dado que dicha exploración toca factores perturbadores, es necesario acentuar el carácter doloroso de la exploración por acontecer, la aceptación de dicho material a efecto de someterse a expresión, requiere del consentimiento informado del paciente, sobre la implicación angustiante del contacto con estos elementos densos de material reprimido u obnubilado por su consciencia.

Finalmente, y dada la inmersión libidinal que el sujeto dirige al improductivo intento de oponerse a los efectos angustiantes de la inercia de los antecedentes, es necesario contratar con éste un aplazamiento de esta intención, hasta no haber conseguido el progreso terapéutico necesario que le posibilite para retomar el ejercicio consciente de la voluntad, dirigido a la modificación de roles y condiciones actuales, bajo principios rectores nuevos. Dicho de otro modo, el paciente deberá conceder un alto total y responsable que detendría el intento de modificar su entorno para redirigir sus energías en la revisión de su sufrimiento, colocando el proceso terapéutico en el primer plano de su vida actual.

En forma resumida, el contrato abarca:

a) La disposición a efectuar en forma asistida un análisis dolorosamente honrado sobre sí mismo.

b) La disposición a iniciar un alto responsable a fin de aplazar todo tipo de decisiones que tengan impacto perdurable en la vida de sí mismo o de otros.

c) La disposición a efectuar el proceso de recuperación sin contar con expectativas de ayuda por parte de otros.

La exploración diacrónica

a) El papel del terapeuta

De esta manera, y retomando la exploración de la libre catarsis del paciente para identificar los significados comprometidos en la función psíquica, se estimula el contacto con las emociones asociadas al origen doloroso de la percepción del paciente. Esta etapa rememorativa exige una postura terapéutica estoica que aliente la expresión dolorosa del paciente, emocionalmente poderosa y altamente irracional. En pleno control de la contratransferencia, se parte del entendido de que el dolor podría derivar en resultantes altamente perversos, en virtud de la elaboración, el rechazo y el empoderamiento, haciendo de éste un sufrimiento inhabilitante para la vida, o —a partir de la admisión y aceptación amplia y responsable por parte del paciente— en un avance de carácter profundamente humano que aproveche la instigación del perturbador para desplegar todas las incipientes competencias derivadas del esfuerzo.

Por lo anterior, y por la consciencia misma de la naturaleza del dolor desarrollada y asimilada por el terapeuta, emerge una postura ética y objetiva, es decir, una empatía amplia que rebasa la experiencia del otro en forma controlada y dirigida hacia un estado de profunda aceptación incondicional. Un vínculo que arropa, que permite y no rechaza el dolor ajeno, en tanto éste no propone elementos negativos en su constitución. Por lo tanto, durante la entrevista diacrónica el terapeuta no limita en forma alguna la expresión libre del paciente, sino que aborda la desorganización que se presenta en forma discursiva, aprovechando las bifurcaciones en el discurso para dar cuenta del rechazo que muestra la estructura yoica a los factores significados como perturbadores.

b) La entrevista diacrónica

La entrevista, mediante el Racional Humanismo, considera los lapsos estacionados en determinadas fases del discurso para conocer los elementos estabilizadores que acentúan los mecanismos homeostáticos de la psique. De esta manera la libertad en el discurso retrospectivo permitirá, a partir de las desconexiones ilógicas, la taquipsiquia o bradipsiquia, así como las reiteraciones discursivas o evasiones dinámicas, descubrir el patrón que constituye la precondición dinámica de la personalidad del paciente, la estructura resultante de la introyección de los objetos primarios y la distribución pulsional en torno a ellos.

La fase rememorativa permite, tal cual consideramos anteriormente:

1. La expresión catártica de la estructura yoica.
2. El conocimiento de la configuración psicodinámica de la personalidad del paciente.
3. El reconocimiento, en tanto ascenso a la apercepción del sujeto de los elementos perturbadores que lo aquejan.

Dicha etapa retoma, a partir de instigaciones direccionadas a las huellas sensoriales, los factores históricos desde el pasado remoto hasta el pasado inmediato.

El recorrido que efectúa el paciente de su línea de vida estará, pues, matizado por el tono afectivo que éste imprime a las diferentes asociaciones, según el significado resultante de dos factores: el modo de introyección de figuras, y la dirección de pulsiones, organizados por la función psicodinámica del sujeto.

El discurso libre irá acompañado de expresión no verbal y paraverbal, misma que permite descubrir la función adaptativa que dé sentido a la expresión, es decir, la externalización de los significados perseguirá el apuntalamiento de la identidad autoconmiserada del sujeto, a manera de fortificar una y otra vez coartadas que justifiquen su condición abatida. Emergerán así culpables, factores que expliquen a toda costa el estatus pasivo-derruido y esclavizante con que se identifica cómodamente el paciente, y que esgrime magistralmente para argumentar su rígida postura existencial ante lo que se le "condenó" a vivir.

Ante esto será necesario establecer una escucha estoica y estimulante de los significados más comprometidos con la dinámica que lentamente emerge, hasta configurarse como una estructura donde descubriremos al sujeto en sufrimiento, perdido en el laberinto en el que inconscientemente participó y del cual, aturdido por el sufrimiento, se muestra agotado o al menos ha sido verbalizado.

Esta etapa responde a la pregunta: ¿qué sucedió? Es decir, ¿qué sucedió que dio este resultado? Y, por supuesto, los inevitables complementos mnémicos, reminiscencias del pasado, cargadas de significado, alteradas y empoderadas por la psicodinámica del paciente; ¿en dónde sucedió?, ¿cómo sucedió?, ¿con quién sucedió?, etc. Las respuestas, muy probablemente sesgadas en contenido, estarán altamente cargadas de expresión catártica, pasional e histriónica, lo cual deberá ser aprovechado por el terapeuta a fin de instigar mayor emocionalidad que permita romper la oposición yoica a la experiencia dolorosa, y por tanto descienda hasta los significados primitivos más ocultos, mismos que forman la base patológica de la personalidad.

Tras haber agotado los significados asociados a las entidades dolorosas, se podrá observar el correlato existente entre lo referido verbalmente por el sujeto como motivo de consulta y el cúmulo de significados perturbadores que dan base y origen al conflicto.

La etapa de rememoración entonces parte de la anamnesis libre, y detecta mediante la entrevista estructural los intrincados significados asociados al padecimiento actual, desglosa la verbalización sesgada por la postura existencial y deduce los orígenes que determinan la dirección de las pulsiones hacia los objetos conflictuados.

La rememoración busca, pues, liberar la presión que ejerce la angustia hacia el yo, identificar por parte del terapeuta los significados patológicos asociados al motivo de consulta y admitir por parte del sujeto en proceso el sufrimiento anexo al padecimiento y los vínculos reprimidos o negados con figuras patológicamente introyectadas.

Es necesario resaltar que la etapa rememorativa no busca la cura, es apenas la exploración y determinación de la psicodinámica del paciente a partir de la liberación catártica de la presión acumulada por el conflicto, lo que en el mejor de los casos produce alivio y disminución de síntomas, mas no busca la cura.

Una vez consumada la exploración del contenido patológicamente significado, el cual se revela cuando ya no surgen más, ni nuevas entidades o pulsiones asociadas a la experiencia perturbadora, es momento de iniciar la etapa resignificativa.

II

RESIGNIFICACIÓN

Una vez detectada la configuración de significados asociados a la experiencia perturbadora que deriva en sufrimiento, queda claro que los intentos del sujeto han sido configurados psicodinámicamente, es decir, un esfuerzo sostenido mediante mecanismos de afrontamiento erráticos y sin claridad que evitan a toda costa la atención de la responsabilidad propia, y empoderan el papel de otros para justificar el estatus de su existencia, a fin de sobrevivir al efecto de la angustia desprendida del perturbador. En una expresión más simple, se aclara la estructura del laberinto mental del paciente, el cual construyó para esconderse de las fuentes del dolor natural ante la falla humana, y en donde se perdió tras la elaboración defensiva y se instaló de una forma dolorosamente cómoda.

Consideraciones humanistas

Antes de continuar, es necesario establecer dos premisas:

1. La salud en los organismos tiende de manera natural hacia el sostenimiento y evolución de la vida; así también la duda tiende de manera natural hacia el descubrimiento de la verdad. Es bajo este principio que el proceso racional humanista sostiene que la crisis en la vida mental —comprendida como el depositario de la

comprensión integral de todo lo que lo rodea y forma parte actora— tiende por naturaleza a la inminente y potencial expansión de la consciencia. Huelga decir que, el proceso por el cual se logra el destino final de todo lo que por naturaleza lo persigue, estará condicionado en modo, tiempo y forma a su muy particular ritmo y circunstancia, sobre todo cuando el proceso de alcanzarlo contenga el elemento trascendente, como es el caso de la consciencia humana, debiendo ser por inercia... ¡meritorio!

2. Si el sufrimiento o el crecimiento humano fueran tan aleatorios como lo es el juego de la ruleta, y por tanto un mero accidente en la existencia del ser humano, entonces ¡carecería de explicación o de alternativa terapéutica, dada su aleatoriedad o sinrazón! En pocas palabras, poco podría ofrecerse al sujeto en consulta, dado que no existe lógica alguna o razonamiento que se oponga o libere del sufrimiento. Pero no es así, existe una razón, y la ignorancia de esta comprensión en el individuo, con todas sus implicaciones que esto determina en la posición existencial de éste, es precisamente la que desemboca en su sufrimiento.

Resignificación bajo asistencia

Partiendo de estos entendidos, es momento entonces de iniciar la modificación en los significados, en la percepción y apercepción del paciente a fin de lograr una visión honrada de sí mismo y de otros. Se llevará a cabo ante principios trascendentes y razonamientos lógicos que lo lleven, una vez colapsada la sinrazón existencial, de regreso en modo consciente al marco de referencia del cual se autoexcluyó.

Se inicia pues la redirección de los significados, es decir, la resignificación del material recientemente reconocido.

En este punto la participación del terapeuta es modificada, se mueve de una escucha aceptante y estoica a una incursión edificadora y esclarecedora que invita a que el sujeto atienda y revise los elementos dolorosos enriquecidos y significados negativamente.

Cabe aclarar que la construcción de escenarios y personajes morbosos, enriquecidos psicodinámicamente, constituyen en sí expresiones irracionales que deslindan de la responsabilidad del sí mismo al sujeto. Son explicaciones que no requieren de argumentación lógica y, por lo tanto, lo separan de toda postura autodeterminante; en este sentido, los determinantes por excelencia consecuentemente son “los otros”.

a) El legado generacional patológico

Inicia la revisión de aquello que denominaremos “legado generacional patológico”, fenómeno representativo de una serie de insertos humanos que denuncian aquel fenómeno señalado por Erich Fromm (1900-1980) en su postulado del miedo atroz del hombre ante la responsabilidad de la libertad inherente a su condición.

Cabe aclarar que el cerebro humano no abandona nada que no comprenda, lo demuestra su individualidad y la filogenia. El ser humano no soporta la carencia de información, es decir, no soporta no comprender las cosas. Años de historia de conocimiento surgen a partir de la duda, del efecto en la conducta indagatoria de sociedades aquejadas por el vacío de información. El mismo efecto sucede a nivel individual, donde, a razón de vivir un pendiente cognitivo flotante, se genera un estado de ansiedad intermitente que no cesa hasta no subsanar el vacío con información. Aun a nivel solamente de creencia irracional, al instalarse mitiga el estado ansioso, fortaleciendo la postura existencial irracional que puede continuar de manera muy prolongada en la vida del sujeto.

Bajo este principio de frustración por ambigüedad o carencia de información, es que se procede a alimentar al cerebro con información de la cual carece, lo que permite avanzar hacia la comprensión integral de lo expuesto durante la fase rememorativa, misma que, una vez lograda, redireccionará la vida mental hacia un comportamiento edificador o autoedificante, dado que se logra mediante una lógica sencilla, factible, demostrable y altamente positiva tanto para el paciente como para las figuras mal introyectadas durante el desarrollo socioemocional en la vida del sujeto, y en última instancia, en general para todos los seres humanos.

Dicha información proporcionada surge de un proceso sistemático de revisión generacional que esclarece aquellas parcelas vacías, ambiguas o ilógicas de información, circunscritas a principios positivos a los cuales el nuevo comportamiento se afianzará y reproducirá patrones conductuales adaptados.

El análisis del legado generacional patológico implica la revisión de aquellas formas conductuales de naturaleza inadaptada detectadas desde el motivo de consulta, y complementadas con la información vertida durante la fase rememorativa. Estas formas finales, este patrón de comportamiento morboso, es finalmente colocado de relieve al conectarlo con las formas morbosas de aquellos implicados en el sufrimiento del sujeto, aquellas figuras que forman parte de su argumentación culposa. La situación actual, finalmente —esgrime el sujeto— se encuentra explicada a partir del papel que otros jugaron en el drama edificado con la función inconsciente de liberarlo de la responsabilidad consecuente.

Los significados morbosos, detectados durante la fase rememorativa, señalan en sí figuras culpables que habremos de pasar por el crisol de la razón. Se observará en la mayoría de los casos, y según la experiencia revisada, que una gran cantidad de ellos expresaron que los seres implicados en el sufrimiento del paciente han exhibido también conducta errática o desadaptada, lo que afectó al sujeto bajo terapia a lo largo de la convivencia con este. Aquellas formas que adoptó y desplegó en su momento, o los seres implicados y "responsables" del sufrimiento actual del sujeto en terapia, son de igual manera entendidas como formas victimarias. Continuando con la revisión del legado generacional patológico, y apoyados por la información que posee el paciente, a través de un razonamiento deductivo, se aprecia también que los implicados fueron, a su vez, marcados por el comportamiento morboso de antecesores, y tras ellos otros más que igual despliegan una conducta patógena acaecida desde tiempo atrás y hasta generaciones inescrutables.

En forma gráfica se observa:

Legado generacional patológico

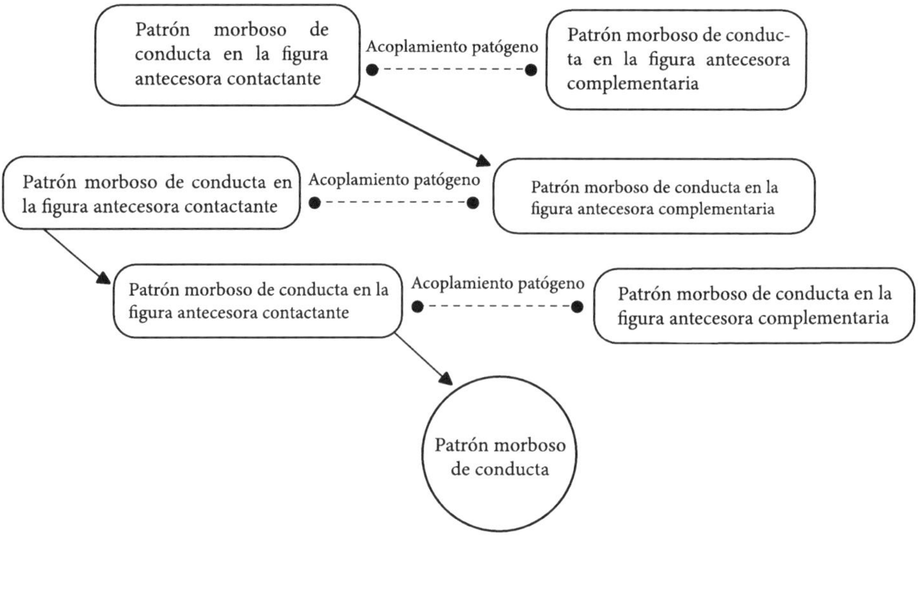

Encontramos en la revisión del legado patológico un patrón de afectaciones no entendible solamente a través del aprendizaje social. Ocurre un afianzamiento en la conducta que afirma o contradice el antecedente, pero que en cualquiera de los casos resulta condicionada por el corolario patológico antecesor. La explicación viable es, a raíz de la evidencia, la perpetuación del patrón conductual antecesor en cualquiera de sus formas: perseverante o supresor, o en forma general, tal como lo señala Kernberg, la identificación proyectiva que obedece al arraigo ante la imprecisión cognitiva de lo experimentado por el sujeto, situación ante la cual la psique perpetúa una reproducción conductual perseverante o supresora del antecesor a fin de concluir infortunadamente con la mencionada imprecisión o ambigüedad cognitiva.

El fenómeno de arraigo al revisarlo ocurre no solamente en el individuo, motivo del abordaje y análisis terapéutico, ocurre igualmente —se observa nítidamente al analizar— en los antecesores, y en éstos respecto a los anteriores.

Las preguntas surgen implacables: ¿Quién comenzó todo?, ¿dónde comenzó todo?, ¿quién es culpable?, ¿quién fue la víctima? Al parecer no existen respuestas tajantes y certeras, la única viable, razonablemente posible es que ¡nadie es culpable! De hecho, el concepto de culpabilidad, si bien presume un acto indebido o la omisión de un acto debido, la acepción de dolo en el actuar que señala para otros el sujeto en análisis, se tambalea al aplicarse a su propio caso y respecto a su propia conducta que afectó a otros.

Aplicar el dolo y su inserto conceptual, "Conocimiento y dirección sobre el propio actuar", haría de todos los actos revisados un continuo de seres actuando desde su propio criterio, al estilo y modo que estos han elegido. Surge en este sentido otro problema: ¿Y por qué, si fue elegido y generó sufrimiento, aun en aquel que lo eligió, por qué lo eligió? Ahora bien, ante la opción y el razonamiento sesgado de: "En otros sí existió intención, en mí ¡no!", hace en automático imprescindible encontrar la premisa justa que haga posible el entendimiento de "una regla para unos y otra para el que señala". Si continuamos adelante, aun con las dificultades de tal razonamiento, surgiría otra inconsistencia más: ¿a qué generación aplicamos dicho razonamiento?, o ¿a qué miembro de la generación es aplicable y a cuáles no? Agregado a lo anterior, cabría preguntarnos enseguida: ¿el culparse o el culpar representa una opción viable para la estabilidad y para el desarrollo integral del ser humano? Sobre todo, si insertamos en esta idea el componente consecuente, el factor que sostiene la culpa y le da sentido es por excelencia el castigo.

b) Ciclo doloroso Culpa-Castigo (sufrimiento)

En este apartado es preciso hacer una aclaración, que es por demás pertinente a razón de las ideas centrales anteriormente abordadas: el castigo. El consecuente punitivo acaecido ante la comisión de un acto que por naturaleza atenta contra sí mismo o contra otros, es un elemento que lleva inserto la existencia del comportamiento inadaptado, y la respuesta reprochable que genera perturbación culposa, ante la cual, se reinicia el ciclo interminable culpa-castigo-culpa.

Para romper el ciclo morboso y lograr la visualización en el paciente de la relación causal existente entre la conducta no culpable, sino irresponsable, es necesario ampliar la argumentación racional respecto a la premisa (conscientemente voluntaria) en tanto que no existe evidencia de consciencia plena, profunda, sensible del personaje, respecto de aquellos a los que afectó con su proceder, como en él mismo y los efectos que produjo su actuación en su vida misma y en la de otros. Sobre todo, cuando consideramos la consciencia, en el contexto actual, como la capacidad para considerar la existencia de otros y de sí mismo, lo cual excluiría toda posibilidad de dolo cuando existe dicha capacidad de consideración. Ahora bien, suponiendo que la sinrazón persista en el sentido de que ¡sí!, ¡existió culpa! Cabría preguntarse sobre los actos mismo del paciente en revisión, y el daño o efectos que estos produjeron en otras vidas, o la de él mismo. Ante esta reflexión se derrumba la autoridad moral para sentenciar o señalar a otros por parte del paciente. Es necesario medir con la misma vara y dejar de relieve la opción de proceder a partir de premisas inestables, vulnerables e ilógicas, o accesar a un razonamiento lógico, coherente y, sobre todo, honrado sobre el sí mismo.

Por otra parte, el nivel cognitivo que se traduce en verbalizaciones constantemente abatidas por una revisión objetiva y sustentada en principios francos que atañen al valor de la justicia, la imparcialidad y la responsabilidad, por lo tanto, es necesario acoplar los procedimientos insertos en el diálogo terapéutico a la *incursión subliminal,* a partir de métodos sugestivos que apareen los antiguos significados a estados libres de ansiedad o angustia.

Existen varios hechos claros asociados a las reflexiones previas:

A) El sufrimiento en cualquiera de sus formas es constante, tanto en el paciente como presumiblemente en aquellos que señala éste como condicionadores del propio.

B) Que no existe razonamiento aceptable o cuerdo que permita esclarecer por qué dentro del legado generacional patológico y las figuras actuantes, solo uno de ellos —a decir el paciente en tratamiento— logró hacer un alto responsable a fin de detener de alguna manera el sufrimiento experimentado.

C) La impostergable, irrenunciable y constructora capacidad de decisión del ser humano.

Haciendo hincapié en estas ideas, dada su trascendencia, vale la pena efectuar un alto para revisar las implicaciones de cada una de éstas premisas: el sufrimiento, o mejor dicho, la elaboración del dolor, es tocado desde el génesis bíblico, la capacidad de valoración a partir del discernimiento del bien y del mal, denuncia una de las máximas capacidades mentales característicamente humanas: el juicio de valor o —dicho de otro modo— la capacidad humana de dotar de significado a la realidad. Representa la base del comportamiento complejo humano, sobre todo respecto aquellos elementos que es necesario trasladar de su estado original hacia otros que sean más fáciles de sobrellevar dada su naturaleza perturbadora. El dolor, entendido en forma general como muy relacionado con el sufrimiento, pero que en ningún caso es sinónimo, representa una experiencia de profundo desagrado sensorial y emotivo vinculado a un estado de daño que experimenta el organismo. Es síntoma de estados enfermizos o de una patología en particular, siendo en primera instancia una alerta para el organismo sumamente útil para la generación de mecanismos homeostáticos que desemboquen en las adecuaciones fisiológicas, psicológicas o conductuales que mitiguen el dolor.

Comprendido en una región específica del organismo, en la experiencia de dolor, se trasmite una señal al cerebro vía aferente hasta la corteza cerebral, donde se percibe el estímulo y se produce la elaboración de él, apercibiéndose por el organismo en forma elaborada e incrustada a los patrones socioculturales al que pertenece y tiene incorporado el individuo. El dolor es presentado en forma aguda o crónica, teniendo una vigencia ya sea limitada hasta la cura de la patología que la produce, o bien indefinida como en los casos crónicos, y conlleva un impacto psico-orgánico elevado en el paciente.

Cabe señalar que la intensidad del dolor experimentado por el individuo es subjetiva y explicada por el nivel de umbral al mismo, lo que sumado al cúmulo de experiencias asociadas a éste por el repertorio de significados que la persona posee, hacen de éste un constructo altamente enriquecido.

Ahora bien, el dolor tiene una actuación central en la evolución de las especies. Existen diferentes perspectivas relacionadas con el movimiento de los organismos hacia estatus más favorecedores en su intento de sobrevivencia y en el aseguramiento de la misma para los de su especie, donde se aprecia de manera nítida el papel perturbador que juega el conflicto percibido en los organismos más evolucionados. Dicha confluencia de fuerzas, que en su escisión desencadenan el desplome de las condiciones anteriores a la confluencia, hoy generan condiciones nuevas a las que el organismo no se encontraba adaptado y, por lo tanto, se ha generado la necesidad de movimiento a efecto de sobrevivir. Ante esta disyuntiva el organismo tiene dos posibles finales como respuesta automática ante nuevos estímulos o condiciones: es efectiva para su avance acorde a las nuevas condiciones, incorporando patrones de comportamiento correspondientes que, en cualquier caso, se suman a los antes incorporados y por tanto se enriquecen en especialización, o no incorporan nuevos patrones, aferrándose al sostenimiento de los anteriores y, por lo tanto, continúan haciendo rígida su conducta a propósito de la recuperación de la condición previa y la conservación de su bagaje conductual. Por supuesto, los estudios dicen que solo aquellos organismos que incorporaron cambios adecuados lograron la sobrevivencia, y en consecuencia la posibilidad de transmisión de sus genes para las próximas generaciones; aquellos que no, sucumbieron.

Este apartado de ajuste ante el conflicto en organismos complejos se incrementa exponencialmente cuando la complejidad del organismo se da, logrando infortunadamente un retraso significativo que va desde la percepción del conflicto, hasta el ajuste conductual. Se presenta la capacidad valorativa del cambio, misma que produce, en el caso del ser humano, un caudal de productos ricos en significado. Éstos podrían, en el mejor de los casos, producir resultados artísticos, místicos, científicos, tecnológicos, culturales, etc. Y por otro lado, en el contexto de la observación del comportamiento aberrante o patológico: productos elaborados con fuertes tendencias de huida, aplazamiento o negación del perturbador que se conoce como sufrimiento. No obstante, ser susceptible de redirección bajo asistencia técnica y volver al cauce de especialización ya señalada.

Dentro de los diferentes abordajes que se hacen del dolor vs. sufrimiento, existen aquellos de naturaleza místico-religiosa.

Antecedentes místico-religiosos del sufrimiento humano

La gran mayoría de las posturas religiosas señalan que el sufrimiento humano se deriva del rompimiento de las leyes divinas, de las cuales se separa y experimenta inevitablemente un estado ajeno y alejado de lo que debe ser.

Para el hinduismo, es el peso de los actos incorrectos los que determinarán de manera perdurable el sufrimiento en esta y en las reencarnaciones consecuentes afectadas por estos actos.

En otras creencias orientales, el sufrimiento se experimenta cuando actos indebidos producen karma, el cual contiene inherente el fenómeno causa- efecto. Por lo que el karma de un individuo estará circunscrito a las acciones de éste y sus efectos perdurables tanto en la vida propia como en otros seres sensibles.

Para el budismo, el sufrimiento es el resultado de vivir adherido o apegado pasionalmente a lo impermanente, debido a la dificultad de discernir lo real de lo aparente, y se experimenta como frustración egoísta que condena a más arraigo del Samsara, o mundo totalmente ilusorio imposible de asir.

Para el islamismo, el sufrimiento es el resultado de contradecir lo dispuesto por la palabra de Dios, mientras que, para las religiones tradicionales de África, la comisión de delitos es la causa del sufrimiento humano.

Para el cristianismo, el sufrimiento se deriva del "Pecado original", acaecido en virtud de la desobediencia, y por lo tanto merecedora de la pérdida del paraíso, condenando al ser humano a una vida de dolor proclive a la mentira, situación que condicionará el sufrimiento y confusión que lo aleja de Dios.

Sin embargo, ante las muy diversas fuentes concomitantes al sufrimiento, existe una forma liberadora del mismo:

Para el budismo, la forma de poner fin al sufrimiento se deriva del recto proceder, es decir, rectitud de visión, de pensamiento, de palabra, de acción, de visión, de esfuerzo, de atención y de meditación.

Por otra parte, en la visión Islámica el sufrimiento es producto de la contraposición a la palabra de Alá, del cual surge la enmienda del dolor. Por otra parte, en la corriente chiita se comprenden los actos compensatorios como solución al efecto perturbador traducido en sufrimiento, según lo establecido por el redentor Al Hally, quien fue crucificado en el año 922 en Bagdad.

El sufrimiento en la tradición africana emerge de actos que ofenden a los Dioses, dichos actos prohibidos tienen que ver con el robo, la esclavitud y otros que atentan contra los preceptos morales, donde la solución proviene de la identificación de el o los dioses ofendidos y el ofrecimiento de sacrificios a ellos.

Desde la visión cristiana, se muestra un acto de purificación como el resultado de morir a un estilo y forma de vida, y el renacer a otra ajustada a los preceptos divinos señalados por la palabra establecida en la biblia, testimoniado esto por la muerte, resurrección y ascenso a lo divino de Jesús el Cristo.

En cada variante vemos que el mecanismo de ajuste de los patrones conductuales hacia otros nuevos y mejor adaptados es, básicamente, la actuación inadecuada referente a un principio preestablecido y la revocación de éstos por otros ajustados al referente. Otra opción, como en el caso de la solución al estado de sufrimiento dentro de las tradiciones africanas o hebraicas, es la existencia de mecanismos de tipo redentor que representan el pago del costo de actos pecaminosos a cambio de dolor. Es decir, se observa el ofrecimiento ante el dolor producido por el pecado por otro dolor que expíe la culpa, el cual representa —sobre todo en la tradición hebraica— el sacrificio de un tercero para purgar la culpa derivada de actos impuros. Esta situación también se observa en la actualidad, donde muy diversas tradiciones emprenden un camino de dolor autoinfligido para redimir la culpa por actos pecaminosos. Nuevamente se presenta la expiación de la culpa mediante el mecanismo de dolor para subsanar el dolor.

En la primera opción se deja ver un mecanismo de progreso y especialización de conducta con base al principio de adaptación y sobrevivencia, mientras que en el segundo se observa un estado de perpetuo sufrimiento, donde el dolor elaborado por actos fuera del referente es sustituido por el sufrimiento ofrecido.

Ahora bien, nuestra reflexión respecto al dolor vs. sufrimiento tiene una utilidad terapéutica que allana el camino por parte del paciente, que desemboca en un estado de expansión de la consciencia si, y solo si se comprende en su totalidad el papel del dolor propio y ajeno en su engranaje y función para con el crecimiento humano. Sin embargo, la pregunta es ineludible: ¿basta con observar el dolor para generar comprensión? Y, en todo caso, ¿qué es necesario comprender? La respuesta ante la primera pregunta es fácil: no, no es suficiente observar el dolor propio o ajeno para generar una comprensión edificante y que posibilite un nuevo y positivo significado de él. Apenas con la simple observación y catarsis, en el mejor de los casos, se lograría algo diferente: la solidaridad, que no es despreciable por sí misma, pero carece del acto liberador. Alude al nivel básico de la unidad ante el sufrimiento. Es necesario el principio liberador de avance que se logra solamente mediante la respuesta de la segunda pregunta: ¿qué es necesario comprender? Antes de contestar, revisemos algunas ideas.

Queda de relieve que el sufrimiento del paciente es verbalizado o expresado en diferentes formas una y otra vez durante el análisis rememorativo, y que de permitirlo éste se continuaría manifestando en un perpetuo estado de placer deformado que fortalece una identidad autoconmiserada. Sin embargo, durante el análisis inserto dentro de la fase de Resignificación a propósito de la revisión del legado generacional patológico, es necesario dirigir la atención del paciente hacia la primera opción conductual derivada del dolor, es decir, la evolución positiva de la conducta y del comportamiento complejo con base en un referente. Dicho de otro modo, el encuentro consciente con el sí mismo a través de la experiencia dolorosa de alejarse del sí mismo, que, al enfocarse con ayuda terapéutica, se aprecia la contradicción de la naturaleza libre, y no únicamente con uso del albedrío, en tanto que produce sufrimiento y un estancamiento de la funcionalidad y el crecimiento en él, y que obstaculiza la de otros. Esto es posible solo a través de la elección. Sin duda, la pregunta obvia ante tal espectro de posibilidades necesitaría un referente indiscutible e incondicional que a su debido tiempo abordaremos.

Continuando con la revisión de los fenómenos observados a partir de la revisión del legado patológico generacional, otra de las cuestiones es ¿por qué dentro de la herencia generacional patológica y de las figuras actuantes, solo uno de ellos —a decir, el paciente en tratamiento— logró hacer un alto responsable a fin de detener, y eventualmente curar, el sufrimiento experimentado? La respuesta es posible sospecharla —en tanto el legado es generacional— a partir del movimiento de los momentos históricos que determinan la cultura hacia la patología, herramientas para valorar el deterioro en sí mismo y en otros. Incluso recursos y opciones profesionales para abordarlos, sin contar con la consciencia del padecimiento propio.

Lo que es un hecho es que lo que está a punto de lograr el paciente es indudablemente instigado por el sufrimiento y no por la virtud, del hastío, del cansancio resultante de una condición rígida de vida. Es por defectos de carácter y su efecto en la vida mental del individuo que éste logra hacer un alto responsable. Este alto o disposición al análisis que desarrolla el paciente —es necesario aclararlo con él— no lo aleja de los otros actores participantes en la herencia generacional patológica; únicamente le confiere mayor responsabilidad y lo dota de un objetivo trascendente y motivador a sobremanera. Más que la recuperación propia, constituirá eventualmente un testimonio de recuperación para otros. Esta visión aleja de facto el ensimismamiento característico del paciente y lo conduce a comportamientos integradores en sociedad y grupos de referencia, en tanto equilibra significados moralistas que podrían separarlo de otros, cayendo una vez más en el ensimismamiento perverso.

El objetivo de hacer fehaciente esta condición, obedece a reducir la postura centralista a la que tiende el paciente, condición que lo separa en términos de actitud respecto a su marco de referencia. Lo ayuda a utilizar el mismo referente valorativo, tanto para sí como para otros al momento de considerar la responsabilidad —no culpa— respecto a los escenarios perturbadores experimentados, sobre todo cuando la actitud crítica desproporciona dinámicamente los antecedentes para adecuar los consecuentes conductuales inadaptados del sujeto en tratamiento.

En este orden de ideas, surge el tercer elemento reflexivo, mismo que constituye el parteaguas del curso y contenido de la vida mental del sujeto bajo análisis Racional Humanista: el inminente acto consciente de elección responsable.

III

EL ACTO CONSCIENTE DE ELECCIÓN RESPONSABLE

¿Cuál es la esencia de las cosas?, ¿qué hace que las cosas sean lo que son?, es decir... ¿qué hace que una puerta sea una puerta o una silla sea una silla? A decir, la función; no importa si la puerta es color verde o después se transforma su color a rojo, ésta seguirá siendo lo que es. No importa tampoco si la desplazo de lugar o le modifico la forma, para ser de una puerta cuadrada a una puerta ovalada o circular; la silla o la puerta continúan siendo lo que son en tanto conserven su función. En otras palabras, la esencia de las cosas es su función. Así pues, si utilizo una silla para atacar a otra persona, esta se convertirá en arma, aun sin tocar en nada sus características físicas, forma, peso, color, etc. De igual manera, sin tocar alguna de estas características, utilizar una puerta para sostener un florero y un plato, ésta será mesa en esencia. La función es la esencia de todas las cosas.

Respecto a los animales, parece aplicar también el mismo principio. Imaginemos que colocásemos 100 lobos en un espacio suficiente con circunstancias que posibiliten la supervivencia, dejándolos ahí por 100 años. Seguramente al regresar encontraríamos muchos más que aquellos 100 iniciales, sin embargo, su comportamiento para cazar, refugiarse, formar la manada, jerarquizar, cortejar y muchas más, habrían sufrido variaciones mínimas respecto de los originales y, sustancialmente, el comportamiento en general sería bastante parecido a los 100 especímenes iniciales. Esta función en sociedad, en lo individual, en crianza o en organización, sería la característica del grupo al que se pertenece, sugiriendo el peso instintivo inserto en la configuración de la especie y por lo que hace al lobo, este es lobo dado que funciona en todos los niveles de la especie, no solo por su configuración genética, sino también porque funciona como lobo, se comporta como todos los lobos, así como todo gato, anémona, bacteria, serpiente o codorniz se comporta como todo ejemplar que pertenezca a la especie. Las variaciones se explicarán a partir de los condicionamientos conductuales que se generan de manera natural en el contexto de su entorno.

Por otro lado, respecto a aquellas entidades lejanas y enormes, los cuerpos celestes, las estrellas, cometas o galaxias, se observan, comprenden y clasifican desde la observación lejana a partir de su comportamiento que impacta en el observador humano en forma lumínica, calorífica o dinámica, como característicamente se comportan aquellas entidades con las mismas características y funciones. Pudiendo así, y gracias a los datos recolectados de los puntos lejanos detectados, categorizarlos y etiquetarlos, pero siempre con base en su manifestación funcional característica. Así pues, cuando nuevos datos aparecen diferentes a los ya conocidos, y que no guardan similitud con aquellos elementos característicos de una categoría, es momento de indagar en una nueva y recién descubierta entidad cósmica. Finalmente, respecto a las cosas cercanas, son clasificadas por su funcionamiento y están generadas desde el ingenio humano que planifica, construye y utiliza la función, pudiendo igualmente cambiarla o concluirla. Respecto a las entidades lejanas e inmensurables del cosmos, las funciones son generadas por fuerzas universales creadoras, que igual modifican o eliminan la función, terminando o modificando así la esencia de lo que existe en el universo.

Este asunto de la libertad

El problema se complica cuando nos preguntamos si la función es la esencia de las cosas. ¿Cuál es la esencia o función del ser humano?, la pregunta —dadas las premisas— son equivalentes. Sin duda alguna, este es un dilema diferente, sobre todo si observamos en la plaza pública hombres y mujeres que construyen o que destruyen. Se observa que algunos dan y otros quitan, quién comparte y quién acumula, ¡quién arranca vidas y quién rescata vidas, u ofrece la propia por el bien de los demás! Existen aquellos que ofrecen hermosos ejemplos y contribuyen a la sociedad, pero también aquellos tirados en la banqueta ahogados en algún vicio o la holgazanería, despreocupados por el bienestar de sus propios hijos. Por otro lado, si consideramos que los seres humanos de hoy no son muy parecidos a los de hace 500 años, menos aún a los de 2000 años atrás. No solo eso, al revisar al ser humano actual, bastaría con echar un vistazo al comportamiento de la sociedad esquimal, un solo individuo de este grupo y compararlo con otro de Brasil o de Siria; se observaría que las diferencias son enormes.

En cada pauta social, afectiva, familiar o de pareja se construye un torbellino de identidad, y no solo eso, encontraríamos seres humanos en todo tipo de entornos, lugares o contextos: en el espacio, en el mar, en cárceles o universidades, y agréguese las diferencias radicales observables en las diferentes etapas del individuo. Imaginemos a 100 individuos de cualquier sociedad reproduciendo el experimento de aislamiento, asegurándoles medios de subsistencia por todo un siglo. Preguntémonos: ¿habrían modificado, o incluso creado cultura, religión, arte, tecnología o ciencia?, ¿habrían cambiado las pautas sociales para la celebración, el cortejo o la guerra?, ¿abordarían de la misma forma la sexualidad o la muerte? Es posible que antiguas pautas para la guerra o la crianza reemergieran, o aquellas que tenemos consolidadas desaparecieran. Es necesario admitir que el ser humano es altamente creativo, y no solo por la agitación psicológica que mueve en la especie los vacíos de información o contradicción. Existen motivos aún más profundos que, de hecho, explican y hacen congruente la posibilidad de sufrir o de crecer, de errar o de avanzar a partir de la experiencia mediante el mérito propio, también sirve de nutriente la ineludible capacidad de elección.

La elección consciente y responsable, respecto a otros y respecto a sí mismo, derivada del esfuerzo en la elección dentro del plano alterado de su percepción: la libertad, a saber, aquella capacidad, acaso virtud, esencialmente humana. ¡La capacidad para ser lo que se desea ser responsablemente! Hacerse y rehacerse a sí mismo y que, dados sus nutrientes, tienda a una libertad consciente de sí misma; una libertad que libere a otros. La esencia o función del ser humano es, pues, ser creador de esencias, y por lo tanto elector de su propia función, creador de sí mismo. En forma llana, el ser humano es la única entidad conocida que, a diferencia de todo lo existente, tiene como función la elección de su propia función. Es decir, lleva sobre sus espaldas el peso de la libertad, la cual puede ser negada, suspendida, ignorada, pero nunca rechazada o repelida.

A continuación, se reproduce un fragmento del manuscrito renacentista *"Oratio Ominis Dignitate"* de Giovanni Pico Della Mirandola, el cual refiere lo plateado y que se contiene dentro de *Las 900 tesis* o conclusiones a cerca de todo género de ciencia:

> "Tomó entonces al Hombre, obra suya imaginada como de naturaleza indeterminada, lo puso en medio del mundo, y le dijo: 'No te di, Adán, ni un puesto determinado ni un aspecto propio ni función alguna que te fuera peculiar, con el fin de que aquel puesto, aquel aspecto, aquella función por los que te decidieras, los obtengas y conserves según tu deseo y designio. La naturaleza limitada de los otros se halla determinada por las leyes que yo he dictado. La tuya, tú mismo la determinarás sin estar limitado por barrera ninguna, por tu propia voluntad, en cuyas manos te he confiado. Te puse en el centro del mundo con el fin de que pudieras observar desde allí todo lo que existe en el mundo. No te hice ni celestial ni terrenal, ni mortal ni inmortal, con el fin de que —casi libre y soberano artífice de ti mismo— te plasmaras

y te esculpieras en la forma que tú hubieras elegido. Podrás degenerar hacia las cosas inferiores que son los brutos; podrás —de acuerdo con la decisión de tu voluntad— regenerarte hacia las cosas superiores que son divinas".

La tesis central expuesta del señalado documento ubica al ser humano como poseedor de una característica insalvable, el arbitrio necesario para construirse a sí mismo. Como insumo la creación, el mundo tácito que, al paralelo, dentro del legado generacional patológico, condiciona el desarrollo de la direccionalidad del albedrío.

El propósito de lo opuesto

Es, pues, la capacidad para elegir lo que constituye la esencia del ser humano. Ahora bien, ¿en qué plano se da esta característica y que propósito tiene?, al parecer, tanta variación de elecciones denuncia al universo como un conjunto de hechos desorganizados y sin sentido. Sin embargo, ante la observación detallada del fenómeno, resulta determinante la mencionada capacidad para encontrar sentido trascendente potencialmente viable. ¿Pero qué mecanismo subyace a dicho planteamiento? Es necesario decir que la presente tesis respalda la propuesta histórica de la inevitable naturaleza libre del ser humano, sea el mismo consciente de ello o no.

Revisemos los argumentos. Al observar reflexivamente el mundo natural que nos rodea, surge un fenómeno innegable: ¡el reino mineral, ni el vegetal ni el animal eligen! Ni los cuerpos celestes, ni el viento, ni la lluvia. Nada está involucrado en lo que es, sino que todo está determinado por leyes que pueden ser calculadas e inferidas. Sus mecanismos de reacción o respuesta a estímulos específicos o condiciones identificadas pueden perfectamente ser previstas, incluso en gran medida explicadas. El animal, aun con su bagaje enorme de conductas, está sujeto a un espectro conductual estrecho característico de su especie, restringido por sus instintos y limitado a formas determinadas de conducta alimentaria, de desplazamiento y territorialidad u organización en grupo. ¡El ser humano no! El espectro de variabilidad en cada parcela de su comportamiento es incalculable, el abanico de posibilidades de elección respecto a sí mismo en un solo día o en cada área de su vida mental es enorme. La esencia o función del ser humano es elegir su esencia, construir su función, soberano artífice de sí mismo. Es libre para..., aunque no libre de..., dadas las circunstancias inevitables donde se desarrolla. Aquí surge una pregunta que contiene la respuesta en sí misma: ¿qué sentido tendría la libertad si no existieran circunstancias o planos complejos donde ejercerla? O es imposible la libertad, ¡o es potencial y susceptible de crecimiento y consciencia según se trasciendan las circunstancias inevitables en las que florece!

Ahora bien, ¿cómo explicar el encadenamiento de patrones morbosos de comportamiento?, es decir, ¿por qué la existencia y perpetuación dolorosa de legados generacionales patológicos? Al parecer, esto por sí mismo derrumbaría la tesis de libertad. Al observar en un paciente marcas perdurables que apuntalan su sufrimiento, éstas también denuncian que el fenómeno de elección no sucedió.

Al continuar reflexionando sobre lo observado en la vida de rasgos anquilosados del paciente, perpetuados a lo largo de generaciones, y donde pareciera que el fenómeno de libertad está extinto o inexistente, resulta preocupante, ya que, o no es esencial la libertad en el ser humano, o es tan vasta que incluso puede ejercerse para negarse a sí misma. Es decir, o no estamos involucrados en lo que somos o, incluso, ¡podemos elegir no involucrarnos activa y conscientemente en ello!

Al revisar el legado generacional patológico, queda claro que el linaje doloroso observado expresa una posición aparentemente cómoda, en el que se opta por culpar a otros para esquivar el peso de la responsabilidad inserto en el ejercicio de la libertad. ¿Qué sentido tendría la capacidad de elegir, si no tuviera opciones y circunstancias adversas o favorables, razonamientos acertados o errados? Seguramente sería como un gran auto rodeado de árboles, sin posibilidad de desplazamiento o conducción por caminos, veredas o carreteras. No sería esencialmente un auto; carecería de sentido. Así pues, la libertad sucede si, y solo si tenemos circunstancias donde ejercer diferentes opciones de elección.

Ahora bien, ¿si no se fallara en la elección, si toda elección personal o de terceros nunca fallara, si todo fuera lineal y perfecto? ¿Qué sentido tendría la idea de crecimiento, o para qué sería necesario? Y, en todo caso, ¿a partir de qué se obtendría? Si no fuera necesario el esfuerzo, dado que el ser humano no falla en sus decisiones, ¿qué esfuerzo necesitaría? ¿Cómo y para qué desplegaría sus cualidades, competencias o virtudes? Para crecer, evolucionar, es necesario esforzarse, o, dicho de otro modo, el crecimiento se obtiene a través del mérito propio. Es posible solamente en una entidad libre que, pudiendo no hacerlo, lo hace, o pudiendo hacerlo, no lo hace. El mérito consistiría entonces no solo en la elección virtuosa derivada del imperativo categórico, también en no rechazar, sino aceptar la circunstancia que exige adoptar una postura deseablemente adaptativa. Dicho de otro modo: la evolución de la consciencia humana se logra en función de los opuestos, siempre y cuando sean aceptados en la más amplia acepción de la palabra.

Ahora bien, teniendo en consideración la natural y potencial capacidad del ser humano para la libertad, es pertinente distinguir entre libre albedrío y libertad. Considerando éste primero como la simple capacidad para elegir o, si se prefiere, ante razones específicas, decidir en cualquier sentido. Sin embargo, cuando la elección obedece a razones responsables que aluden a la virtud, entonces el libre albedrío progresa hacia la libertad. Esto anterior nos recuerda a lo establecido por San Agustín: "¡Ama y haz lo que quieras!" ¿Pero de qué depende el curso que habrá de tomar la capacidad para elegir? ¿Llevará al ser humano hacia un estado de crecimiento, o lo condenará a vivir un estado de desgastante sufrimiento?

Bastaría con echar un vistazo a lo señalado por la tesis establecida por Fromm, en la cual se denuncia el miedo del ser humano a ejercer la libertad, rechazando consecuentemente la responsabilidad sobre sí mismo. Al ejercerla implicaría asumir las consecuencias resultantes de este ejercicio y, para evitarlo, empodera a otros, asignándoles el papel de culpables y, por lo tanto, surge la explicación, origen y causa del sufrimiento propios. Sufrimiento perpetuado mientras perdure el miedo a afrontar de buena lid, las consecuencias que el hacerlo produzcan en el ser humano que trascienda el miedo. Dicho de otra manera, el paciente mostrará de manera autoconmiserada a los seres, condiciones o situaciones culpables de su sufrimiento, denunciado así la estrategia perversa de eludir la responsabilidad sobre sí mismo mediante la culpa dirigida a otros; incluso a un alter ego que también es potencialmente culpable. Este fenómeno morboso obstaculiza el progreso y evolución de la consciencia y sentencia al ser humano a un estado de permanente sufrimiento —que no dolor—, y que se paga con el nulo crecimiento y con la continuidad en el legado generacional patológico.

El *yo* opositor

Ante el fenómeno señalado, queda de relieve la creencia irracional en la postura existencial del sujeto, la cual supone que a mayor oposición y rechazo del dolor experimentado, éste dejará de existir o bien modificará su curso si es que la fuente de dolor se sitúa no en el pasado, sino en el presente, creencia aberrante que cae por su propio peso y que más bien condiciona a que el dolor evolucione a un estado de sufrimiento enriquecido en tanto es dolor elaborado.

Progresando de la reflexión anterior, se desprende que el rechazo al dolor condena al ser humano a una mísera existencia plagada de sufrimiento, o bien lo coloca contra la pared, forzándolo a plantearse la verdadera pregunta: ¿quién hiere realmente al sujeto? Es decir, ¿cuál es la verdadera entidad por afrontar por parte del paciente? ¿Quién es el verdadero enemigo por vencer? ¿Qué se opone a la adaptación, progreso o evolución? Ante este razonamiento, es insoslayable señalar que ¡el verdadero enemigo es el yo, o ego! Instancia señalada por la psicología compleja de corte psicoanalítico, de carácter consciente en el individuo que media entre las exigencias instintivas provenientes del ello y las presiones morales que provienen del superyó; situación que, incorporando por lo descrito desde la óptica de Jung, con capacidad para sentir, pensar, experimentar emociones y desarrollar intuición, que en el caso de la enfermedad mental se vuelve vulnerable ante los significados perversos incorporados en el desarrollo de la personalidad y fortalecidos por la elaboración y expansión del sujeto, como resultado psicodinámico de los mecanismos de defensa activos para apartar la angustia resultante de la lectura de vida. Bajo esta inercia se produce la escisión del *yo* y se establecen mecanismos de defensa primitivos hasta progresar al deterioro del juicio de realidad, es decir el descenso a la neurosis, al trastorno limítrofe y quizá a la psicosis.

La experiencia dolorosa de la realidad proviene de la lectura morbosa de la misma que efectúa la instancia yoica no satisfecha en sus necesidades primarias, y ante la debilitada o nula habilidad para revisarse a sí mismo. El dolor se elabora y se torna en el sufrimiento inhabilitante para la vida y para la evolución.

La débil o nula metaconsciencia, capaz de revisar a la entidad yoica, produce daño a la evolución del ser humano ante la dificultad para dilucidar cuestiones trascendentes en la vida de éste. Esto se debe a que el ego está diseñado para sobrevivir en la jungla de egos, en la realidad práctica que exige éxito en la obtención de satisfactores a corto plazo. Si el ego se ve frustrado en su cometido de acumulación, obtención y logro, deriva en un estatus patológico que juzga a la vida como hostil, y de la cual pretende salir victorioso mediante la satisfacción de sus necesidades y la obtención del éxito efímero o de placeres inmediatos torcidos, tales como la venganza, el dominio, la dependencia, el desdén o el rechazo, entre otros. Por lo tanto, el origen del sufrimiento humano inicia cuando se observa la imposibilidad de aceptar los hechos no complacientes al *yo* y la nula capacidad de revisar metaconscientemente el papel de éstos en el desarrollo humano, como detonadores de la misma revisión y la posterior remisión de la conducta y comportamiento al marco del imperativo categórico. Esta condición deriva en el ejercicio consciente de la libertad y, por lo tanto, en la elección responsable de la función propia congruente con el ideal de sí mismo.

Ahora bien, ¿qué postura ante los ayer culpables resulta de la evolución o expansión de la conciencia? Simple, la misma que respecto al sí mismo obtiene la consciencia, es decir, derivado de la nula capacidad de considerar al sí mismo en el marco de la realidad, y específicamente de los otros, más la carencia total de mensurar el efecto perdurable que habrán de tener los actos propios en el sí mismo y en otras vidas y hechos. Elimina de tajo la posibilidad de una culpabilidad dolosa, logrando en el mejor de los casos sólo a darse cuenta de los hechos ocurridos, si no es que deformados por el inevitable tratamiento defensivo que realiza el yo.

Ahora bien, y ante tal estatus de los otros y de sí mismo respecto a los hechos juzgados como dolorosos por el yo... ¿Qué sugiere la óptica de una consciencia expandida? Lógicamente el no juicio y el no condenamiento, y la alternativa racional irremediable, el deslinde de responsabilidades. Dicho de otro modo, la devolución de las responsabilidades ajenas a aquellos que antes se culpó, y la disposición para asumir las propias. Este aspecto en la intervención psicoterapéutica resulta ser toral para desvanecer el fenómeno de la culpa en el individuo bajo proceso, cada vez que las premisas falsas levantadas por el ego sucumben ante el paso por el crisol de la razón emprendida por la metaconsciencia, que aprecia las implicaciones en el nivel práctico y en el nivel existencial respecto del traslado que efectúa el significado denso de la culpa a el significado liberador de la responsabilidad.

Lo anteriormente señalado tiene por necesidad tres implicaciones inevitables: 1) El reconocimiento de la sinrazón que subyace a cargar el peso de los actos ajenos que resultan patológicos, irresponsables o inadaptados, detectados en la fase rememorativa. 2) El enorme potencial de crecimiento personal, que se deriva del hecho de asumir la responsabilidad de los actos propios, tanto del pasado, como del presente y el futuro. 3) La comprensión de que, al renunciar a la culpa y castigo, no implica la absolución de los efectos lógicos resultantes en la vida por experimentar por aquellos que actuaron de manera irresponsable e ignorante, solo permite aceptar que el paciente en tratamiento no ostenta la calidad de juez con solvencia moral para evitarlo.

Regresando a la reflexión que, respecto a la esencia del ser humano, denunciaba la capacidad para escoger su función, ¡o hacerse a sí mismo! mediante un ejercicio virtuoso y consciente de su voluntad. Es justamente lo resultante de haber asumido la responsabilidad del sí mismo una vez deslindado con los otros el peso de lo acontecido, tanto en el pasado como en el presente y futuro se experimente.

Otra implicación, respecto de lo anterior, queda de relieve en este acto: la responsabilidad respecto a sí mismo es algo natural que se oculta solo bajo el manto de la ignorancia, misma que soslaya el "¿para qué?" de la naturaleza trascendente del ser humano, ¡el crecimiento! Y como antítesis, el sufrimiento y la estela de dolor que hereda a nivel generacional.

Una última implicación que se desprende de los razonamientos anteriores: ¿qué implica la posibilidad de hacerse a sí mismo? Dicho de otro modo, ¿qué efecto trascendente produce el ejercicio consciente de la libertad? Irremediablemente, el crecimiento o evolución y expansión de la consciencia hasta llegar a la metaconsciencia y, con ello, entrar a la posibilidad de dar testimonio. La posibilidad de impactar positivamente en aquellos que no han capitalizado el sufrimiento propio, y que proviene de la postura anquilosada de culpar y huir del dolor, cumpliéndose así el "¿por qué?" y el "¿para qué?" de la libertad en el ser humano. Es decir, el inicio de una herencia generacional virtuosa. Cabe destacar que el ensimismamiento representa una característica básica del sufrimiento humano, observado en sus diferentes manifestaciones: adicción, manipulación, venganza, chantaje, dominio sobre otros, dependencia, etc. Todas marcadas por el eje central, la complacencia al sí mismo. Ante este fenómeno, la resignificación del material perturbador en la vida mental del sujeto desemboca en el opuesto al ensimismamiento, observándose como la capacidad del paciente recuperado para el servicio, el testimonio, la solidaridad, la compasión, etc. Todas ellas capacidades, si es que no virtudes, posibles si, y solo si se logra por primera vez considerar la existencia de los otros en toda su plenitud.

IV

REEDIFICACIÓN

Habiendo reflexionado sobre la naturaleza del dolor humano y su función en el crecimiento, cabe preguntarse, ¿bajo qué principio habrá de edificarse un nuevo patrón de conducta y una más amplia lectura de la vida en recuperación? Definitivamente estos principios deberían desprenderse por lógica de la antítesis sobre la que se edificó el sufrimiento inicial, aquel que colocó al paciente en la necesidad de vida para hacer un alto responsable e ingresar al proceso terapéutico.

Al mirar hacia atrás, pronto nos damos cuenta de que el sufrimiento ensimismado que blandía el sujeto en la primera etapa del proceso terapéutico, no se trató en ningún momento de ser el único sufrimiento reportado, se trata, pues, de un plano de esfuerzo común que mediante el trabajo de adaptación genera, por añadidura, el despliegue y desarrollo de potencialidades dormidas. Esta visión incorporada al patrón de lectura del paciente en tratamiento, lo posibilita para ver en otros y en sí mismo la imperiosa necesidad de alejarse de la culpa de terceros y de la culpa sobre sí mismo. Al momento de ascender a la consciencia, el papel que juega el error humano derivado de su libertad y del engranaje que esto provoca con la angustia y eventual alto responsable, capitaliza los derivados desprendidos de los beneficios de la responsabilidad.

En contraste con la postura de avance que se opone al placer morboso y retorcido que surge de la relación castigadora o culpígena, y que genéricamente se desprende del rechazo al dolor, se propone un nuevo motivador. Este motivador subyace al imperativo categórico propuesto por Immanuel Kant, descrito en la ética de las costumbres, y que invita, por inercia, a la experiencia gozosa inserta en la adopción de nuevas y virtuosas pautas de comportamiento, jamás experimentadas por el paciente.

Las pautas de comportamiento calificadas como "indiscutiblemente correctas", en tanto son incondicionales, se alejan de una reedificación del sí mismo lograda en función de la fuerza de voluntad, y más bien se comprenden dentro de la buena voluntad, por lo que necesariamente derivan en la experiencia gozosa, misma que atiende al ser trascendente, que la experimenta y fortalece la direccionalidad de la metaconsciencia. Ahora bien, considerando la naturaleza falible del ser humano adherida a viejos patrones arraigados, el imperativo categórico agrega, al factor del gozo, la posibilidad de la perseverancia.

En este punto, es posible otorgar el crédito suficiente a la capacidad de crecimiento que tiene el ser humano, y de la cual se deduce la evolución y expansión de consciencia para considerar la existencia de los otros y la necesaria atención sobre el sí mismo; de esto se desprenden varias implicaciones:

1. El sujeto que transcurrió por proceso terapéutico, y logró resignificar lo antes perturbador, se encuentra hoy necesariamente ante la posibilidad de asumir la responsabilidad sobre sí mismo.
2. El entorno social y las redes de apoyo no han efectuado dicho progreso y, por lo tanto, continúan con

los significados patológicos del contexto psicosocial que motivó la intervención terapéutica en el paciente.

3. El retorno del paciente recuperado al contexto del que emergió hoy, deberá ser efectuado bajo nuevos principios de vida que sean congruentes no solo con lo comprendido en la fase de resignificación, sino que contengan también en su despliegue la experiencia gozosa proveniente del proceder indiscutiblemente correcto.

Una vez comprendido esto por parte del paciente, el papel del dolor humano vs. Libertad, de cara al crecimiento y expansión de la consciencia, resulta impostergable la devolución de responsabilidades a todos los participantes en el antaño drama doloroso del sujeto en proceso, con la intención de eliminar de tajo el elemento culpígeno e iniciar el deslinde de responsabilidades correspondientes a todos aquellos actos ajenos que perturbaban la vida mental del paciente y las respuestas propias que se desencadenaron ante aquellos. Dicho deslinde equivale a firmar un contrato de manera libre y consciente para desvanecer la responsabilidad —mucho menos culpa— de los otros en relación con el crecimiento personal.

Dicho de otro modo, el paciente se dispone a formalizar simbólicamente la nula responsabilidad de aquellos, sobre el crecimiento o decrecimiento propio, concediéndoles con esto la conformidad de que ellos a su vez hagan lo necesario respecto a su crecimiento en el momento que estén dispuestos y preparados para ello. Todo bajo el total convencimiento de que este acto no absuelve de las consecuencias que habrán de enfrentar todos y cada uno como efecto natural en su propia vida, solamente acepta la nula consciencia de todos los actores al momento de proceder irresponsablemente, situación que elimina la culpa, pero enfrenta la responsabilidad inherente a toda acción. Otra implicación de este deslinde de responsabilidades señala la consecuente concentración por parte del paciente en su propio crecimiento y, por lo tanto, monitoreo de su propio actuar, ya libre de distractores y retardadores de la tarea propia que permitía antaño la crítica y juicio de los otros respecto a su proceder, ubicado en el pasado, presente e incluso el presupuesto del futuro.

La última implicación del deslinde de responsabilidades enfrenta al paciente a la tarea de crecer con autonomía emocional bajo el entendido de que nadie es responsable del crecimiento ajeno, y sí una responsabilidad y derecho personal que no está condicionada a la suerte de contar con circunstancias y relaciones favorables. Es decir, la posibilidad de evolucionar conscientemente hacia un estado de plenitud y adaptación no radica en la suerte, sino más bien en el mérito propio, resultado del ejercicio de la voluntad y la generación de consciencia. Estos dos anteriores son los objetivos medulares del Modelo Racional Humanista.

Ahora bien, ¿qué principios rectores del comportamiento se desprenden de la expansión de la consciencia? En otras palabras, ¿qué referentes virtuosos e indiscutiblemente correctos habrán de regir el proceder —ya en libertad— del paciente en fase de reedificación? No es casualidad que estos y no otros sean los referentes virtuosos que se sugiere sean introyectados por el sujeto en esta última fase; son los derivados lógicos de lo comprendido y que vienen a hacer del actuar del paciente un patrón de conducta y de convivencia en franco desarrollo y adaptación. A continuación, los abordaremos.

PRINCIPIOS VIRTUOSOS

a) Compasión

El proceso terapéutico basado en el Modelo Racional Humanista, parte del entendido que el dolor humano tiene una función en forma sucinta. Describe el crecimiento y evolución de la consciencia a partir de los opuestos, y el dolor resultante que desemboca a su debido momento en la búsqueda en sí mismo de las capacidades y virtudes necesarias para trascenderlos, y por lo tanto evolucionar en las áreas detonadas por la experiencia trascendida. Bajo este supuesto, el paciente que ha logrado avanzar a esta comprensión puede, sin lugar a dudas, observar este mecanismo de evolución en sí mismo y en los otros, expandiendo esta consideración a aquellos que no necesariamente forman parte de las relaciones caóticas que en el pasado sufrió. Se expande a el resto de la humanidad logrando con ello potencializar la consciencia del dolor ajeno expresada en múltiples y variadas formas, pero que finalmente son entendidas como necesarias para lograr el ejercicio consciente de la voluntad y expansión de la consciencia. Ante este entendido, el paciente logra por inercia aceptar este papel en el desarrollo humano, y por lo tanto no involucrarse en el proceso doloroso del otro en ninguna forma y en ninguna de sus manifestaciones patológicas. Finalmente, esta base compasiva que logra el paciente sobre otros, y sobre sí mismo, desemboca en la correspondiente e insoslayable capacidad para brindar testimonio de recuperación ante aquellos que aún no lo logran, y la cual permite dar un tratamiento en sublimación a lo que en el pasado representaba la base del sufrimiento.

b) Libertad

El Modelo Racional Humanista define la libertad como la potencial capacidad del ser humano para ser lo que éste desea ser en forma responsable. Esta definición parte del entendido de que el ser humano goza de la exclusiva función de elegir su propia función y que, agregado el elemento virtuoso, esta elección será predominantemente positiva para él y para los otros. Por lo tanto, al cristalizar la comprensión de que todos y cada uno de los seres humanos se encuentran en un proceso inconsciente y doloroso de crecimiento, desarrollará la capacidad para no involucrarse negativamente en dichos procesos, salvo con el testimonio de recuperación personal, logrando con esto liberarse de la influencia patógena de procesos ajenos retardados o detenidos y, a su vez, liberar a los otros de las aristas negativas del proceso de crecimiento propio. Esta autonomía emocional coloca la base firme para poder iniciar —una vez efectuado el deslinde de responsabilidades— la elección de la función propia, la construcción del sí mismo y de sus vínculos bajo nuevos principios de vida a todas luces correctos, en franco desarrollo y de cara a la expansión de la consciencia. La libertad se concibe dentro de la óptica terapéutica como ¡una libertad para..., y no necesariamente, una libertad de...!

c) Integridad

El valor de la integridad es el resultado lógico de haber logrado observarse a sí mismo y a sus semejantes en un permanente proceso doloroso de crecimiento, y que, en ocasiones, condicionado por la ignorancia, las circunstancias adversas u opositoras, son experimentadas desde el sufrimiento. Sin embargo, al ampliar la perspectiva que respecto al ser humano se obtiene de la comprensión del papel del dolor en el crecimiento, el sujeto se coloca por necesidad como responsable compasivo de sí mismo, y permite el cauce natural de crecimiento en los otros, situación que coloca la base firme para elegir con consciencia una forma de vivir en sociedad, y en su vida interna, ya que fue elegida y no impuesta. Con esto las expectativas desaparecen y el rol que despliega en sus entornos y en su interioridad se encuentra bajo su aceptación, logrando así unificarse y desenvolverse con entereza moral, rectitud en el proceder y en apego a la verdad.

d) Autenticidad

Sumados los principios anteriores a la óptica y postura alineada y sensible a lo trascendente en el sujeto avanzado en el proceso, éste logra considerar la verdad que le es posible detectar en su entorno, sobre todo respecto a la verdad emocional de los otros seres que lo rodean y cruzarla contra su propia situación emocional, que es parte inherente a la inteligencia emocional que crece en este orden, y que en una perspectiva más amplia, su verdad en todos los órdenes y situaciones de su vida, dando paso así a una enorme consideración y la posibilidad de generar conscientemente el comportamiento pertinente que atienda las verdades de las que es capaz de considerar. Así, respuestas naturales en la vida emocional del ser humano continúan existiendo, sin embargo, el dominio sobre sí mismo permite estas respuestas ahora de forma controlada, manifestándose ante lo elegido, en el lugar y forma elegida y en el modo elegido conscientemente.

e) Juicio

Se define como la capacidad de elaborar una cognición, producto de dos o más factores percibidos, por lo tanto, es imprescindible para adoptar una postura y respuesta personal. En el Modelo Racional Humanista, el juicio alineado con respuestas mayormente adaptativas que provengan ajustadas a la observancia del mundo social y circunstancial que rodea al individuo, así como de la observancia y consideración a su estatus interno en todos los niveles, es decir, en forma genérica, su vida mental. En este sentido, la capacidad de juicio apuesta a una mayor adaptación, y más aún, a la conducción en consideración al sí mismo y al mundo que lo rodea, y en consideración a los principios virtuosos que la anteceden. Dicha conducción se presume sea direccionada hacia el crecimiento y evolución del sí mismo en sociedad y de cara a la trascendencia.

f) Consciencia

Como resultado de la dinámica interna de los principios precedentes, el sujeto en recuperación avanzada debería lograr situarse bajo el marco del aquí y del ahora, con una perspectiva de los hechos internos y externos mucho más amplia y de cara al crecimiento no solo del sí mismo, sino también de los seres significativos, afectivamente hablando, y también de aquellos que la dinámica de la vida pone delante de él. El fortalecimiento que hace la recuperación del yo permite ubicarse en el principio de realidad que, desde la perspectiva actual, es una realidad susceptible de trascendencia si, y solo si se comprende el sentido y papel que tiene la libertad en el crecimiento propio, agregado al papel congruente del dolor vs. sufrimiento.

g) Asertividad

Habiendo incorporado nuevas pautas de comportamiento y de conducta, es necesario hacer énfasis en la impostergable practicidad que tiene la recuperación en el diario vivir y cotidianidad del paciente recuperado, por lo que es fácil observar el proceso psicoterapéutico que, aun siendo revisado desde pautas etéreas la naturaleza del ser humano, carece de sentido si no toca piso en el aquí y en el ahora, por lo que la certeza en la conducción que considera ya con claridad el impacto perdurable que tienen los actos, juicios y actitudes en el diario vivir, hace que se procure considerar bajo el imperativo categórico, el modo, el tiempo y el lugar correcto de cada acto propio, y que por tanto producen gozo y en última instancia, testimonio y crecimiento personal.

El verdadero enemigo

En una ocasión, dos alces hermanos pastaban tranquilamente en un paraje verde, lleno de luz y cristalina agua que corría en un riachuelo cercano; de pronto un lobo hambriento enorme corrió hacia ellos tratando de devorarlos. Juntos corrieron para escapar del lobo, y en su desesperación se refugiaron en una cueva obscura, y para impedir que el lobo entrara a la cueva y los atacara, con su cornamenta obstruyeron la entrada. Aun jadeando y en estado de pánico soportaron las embestidas del lobo en su intento por atacarlos, finalmente el lobo desistió de sus intentos y al cabo de un rato ya no se veía más; nada demostraba su presencia. Pasadas algunas horas el alce menor dijo a su hermano:

—Hermano, al parecer el lobo ya no se encuentra afuera, no lo veo ni escucho, ¿podríamos salir ya? Aquí está muy obscuro y solo; me hace falta el aire y espacio. Necesitamos salir.

El alce mayor, oponiéndose, dijo a su hermano:

—No, es necesario que esperes, el lobo es astuto y muy persistente. Seguramente está escondido esperando que salgamos para atacar. ¡Resiste, por favor!

El alce menor, confiando plenamente en su hermano, resistió todo el día y la noche, y para el amanecer nuevamente sugirió a su hermano el salir de la cueva. Replicó con tono desesperado que ya no soportaba el hambre, solo algunos insectos había comido, pero le hacía falta el aire de la pradera, el agua del río, correr y seguir con su vida. El alce mayor, inmutable ante los argumentos de su hermano, persistió en su decisión y ordenó a su hermano resistir más porque seguramente el lobo los asechaba desde un arbusto, listo para atacarlos en cuanto salieran.

Al tercer día, después de invitar a su hermano, y decirle que seguramente el lobo estaría ya persiguiendo a cualquier otra presa, o quizá descansando en su madriguera después de haber cazado una liebre, el alce menor guardó silencio. Después de una profunda reflexión e introspección, viendo su estado lamentable, decidió salir.

Pasado un tiempo, un gato montés, a quien conocía mucho tiempo atrás, ingresó a la cueva donde se encontraba el alce mayor, y al ver a su viejo amigo, sorprendido le preguntó:

—¡Querido amigo! ¿Qué pasó contigo?, ¿porque te veo

tan deteriorado? Tienes los ojos sin luz, sin esa chispa vital que siempre veía en ellos. ¿Qué haces aquí?, flaco, encorvado... ¡No veo vida en ti! ¿Qué te sucedió?

El alce, apenas levantando su cara, vio al gato y con voz débil dijo:

—¡Por culpa de un lobo!

¡El gato insistió con el alce sobre la necesidad de salir y enfrentar aquello que lo atormentaba, pero el alce no lo escuchó! Por lo que prosiguió su camino.

Un día después de visitar al alce dentro de la cueva, el gato montés paseaba por la pradera cuando de lejos pudo observar un alce hermoso que corría feliz y se encontraba en compañía de otros de su especie que lo seguían, ¡haciendo un grupo de alces fuerte y libre! Curioso, se acercó a su también viejo amigo e intrigado le preguntó:

—Querido amigo alce, qué agradable sorpresa. Te veo genial, y no solo eso, te veo libre, te veo agradecido y veo en tu caminar que aprecias la importancia del aire, del agua, del campo y la pradera. ¿Qué sucedió para que lograras tal plenitud y compartas con tus compañeros alces?

El alce abrazó al gato y humilde contestó:

—¡Gracias a un lobo! ¡Gracias al peligro en que me encontré al verme frente a sus fauces, corrí hasta resguardarme en un sitio seguro, al menos para no resultar muy posiblemente lastimado, me lamenté y rechacé la experiencia, la consideré injusta y no la quise para mí! Así que culpé al lobo minuto a minuto, pero solo veía que el dolor del hambre y del encierro se había convertido en sufrimiento, por lo que desprecié al lobo, culpé la vida y rechacé incluso ser alce, ¡dado los enormes riesgos que conlleva ser tal! Entonces me derrumbé en una cueva obscura de dolor, y estando ahí algo se rompió, comprendí que el lobo no me odiaba, ni siquiera me conocía ni pensaba en mí, ¡salvo en mi carne! ¡Vi que esa era su naturaleza y que no se trataba de algo personal contra mí ni contra mi hermano! ¡Incluso supe que quizá el lobo ya no estaba y que sólo posiblemente existía en mi mente, y que lo estaba utilizando para no encarar a mi verdadero enemigo! ¡Y mi verdadero enemigo, en verdad, estaba cerca! El enemigo estaba en mí, en mi cobardía, en mi indecisión, en mi arraigo a la zona de confort, en mi rechazo a la experiencia; entonces, ¡disfrazado de prudencia y precaución, opté minuto a minuto por culpar al lobo para justificar mi mísera existencia! De esta manera enfrenté a esa parte dentro de mí sin culparla, ¡pero sí para obligarme a tomar la responsabilidad sobre mí mismo! Y también comprendí que detrás de cada dolor existe sabiduría y una enorme enseñanza que espera a ser reconocida.

El gato preguntó:

—¿Y tu hermano? ¿Qué pasará con él?

El alce respondió:

—Así como con el resto de mis compañeros, también con mi hermano he dado testimonio de la posibilidad de crecer cuando no es rechazada la vivencia, aquello que se opone a mis deseos o expectativas. Así, al lograr el aprendizaje, la vivencia se convierte en experiencia, y trasciende cuando se vuelve parte de nuestros bienes más preciados, por la simple razón de que fue para bien, para compartirla con aquellos que la necesiten y poder entonces... retornar a nuestro rebaño.

EPÍLOGO

Los hechos que atentan contra nuestro bienestar, que lastiman o se oponen a nuestras demandas; los opuestos pasados, presentes o previstos, aun de forma no sustentada, producen diferentes efectos. Éstos están condicionados a la lectura y respuesta que el ser humano genere ante ellos y están basados en el uso del libre albedrío, así como el nivel de comprensión que posea el individuo del porqué de su existencia.

La primera y más recurrente reacción será el rechazo y la huida del dolor. Esta postura denota incomprensión absoluta respecto de la naturaleza y función de éste, lo que provocará sufrimiento y costos enormes en el nivel existencial, desembocando en la ausencia de crecimiento o nula expansión de la consciencia.

La segunda alternativa es la confusión respecto del papel y la función que tienen los hechos dolorosos, atisbando solo algunos datos que permiten concluir que es necesario salir adelante. Sin considerar las implicaciones y la profundidad de esto, los ánimos se concentran únicamente en sortear y evitar uno a uno los obstáculos que el ego detecta, pero sin rescatar la enseñanza implícita y postergando día con día la comprensión del porqué y para qué de la recurrencia de estos hechos, generando también perpetuidad en las reacciones, es decir, en patrones anquilosados de comportamiento.

La tercera alternativa parte de la comprensión del papel instigador de crecimiento de los hechos de la vida que en ocasiones no son afines con lo deseado. Representan, ciertamente, portales de crecimiento que no se abrirían de no ser forzados por la ocurrencia de los hechos y en los que pasiva o activamente se participó. Por lo tanto, se aceptan y se admiten los actos, juicios o actitudes personales que contribuyeron a la situación, y se concentra en investigar las alternativas potencialmente liberadoras, sobre todo aquellas de índole personal que deberían comenzar a explorarse o activarse para trascender el hecho y compartir, a manera de testimonio, con aquellos que vienen detrás en el proceso doloroso de crecer. En este nivel se origina el segundo modo de crecimiento, ya no con base en el dolor, sino mediante la experiencia gozosa de reaccionar ante cada situación en la vida.

El fenómeno inserto en lo anteriormente descrito, denuncia la naturaleza trascendente del ser humano, posible solamente mediante la expansión de la consciencia y el ejercicio consciente de la voluntad. Agregado a esto, queda en claro que, el requisito indispensable para cumplir el propósito del crecimiento y trascendencia, es la libertad de la que el ser humano es potencialmente poseedor y que permite el mérito propio de ejercerla ante el vaivén de la vida, carente de significado intrínseco. Éste es otorgado para bien por el ser que ha logrado recordar su naturaleza y llevar esta buena nueva a todos aquellos que lo necesiten mediante el principio de atracción desinteresado, salvo en lograr el bien de todos, opuesto a la postura de aquel que sufre ignorante y ensimismado. El crecimiento o logro de la metaconsciencia, propuesto por el Modelo Racional Humanista, implica, por lo tanto, el retorno consciente a la unidad, de la que todos formamos parte.

"Dios es yo y yo soy Dios, cuando yo dejo de ser yo"

Al-Hallaj

Místico sufí

Nacido en la CDMX, el autor se forma profesionalmente en la Licenciatura de Psicología Clínica de la UNAM, y posteriormente efectúa estudios de posgrado en Educación en la Universidad Contemporánea en Querétaro, donde se desempeñó como profesor fundador de la Escuela de Psicología Proyectiva en la Universidad Anáhuac. Trabaja como docente en las Universidades UCO y Mesoamericana, a la vez que efectúa trabajo psicoterapéutico, logrando hoy 33 años de experiencia en el tratamiento de enfermedades mentales. Dentro del IMSS complementa la formación clínica con el área de la Psicología Organizacional, especialmente en el ámbito médico, donde colabora con los principales hospitales del Estado, logrando junto con otros colaboradores fundar el primer comité de Bioética del Estado.

Made in the USA
Monee, IL
11 November 2026

f34823e3-e721-4696-8075-5d57e41cba16R01